Dieter Mende
EEZ Energie Energiewirtschaft Zukunftsenergien

Der Job-Motor Energiewende

Die globale Ausganglage,
den sirenenhaften Gesängen widerstehen,
die Aussichten.

Wenn Ihnen jemand sagt, Sie/Er könne Ihnen innerhalb von wenigen Minuten die Energiewende erklären, dann sollten Sie äußerst skeptisch sein.

EU-/Bundes-/Landesweit denken und vor Ort handeln ist kein Widerspruch, sondern vielmehr dynamische Energiepolitik.

Dieter Mende

Dieter Mende
EEZ Energie Energiewirtschaft Zukunftsenergien

Der Job-Motor Energiewende

Die globale Ausganglage,
den sirenenhaften Gesängen widerstehen,
die Aussichten.

Impressum

© 2024 **Dieter Mende,** EEZ Energie Energiewirtschaft Zukunftsenergien
www.eez-mende.de

weitere Mitwirkende:

Antje Mende, LIKES Layout – Impuls – Konzept – Entwurf – Style;
Moderne Medien-, Text- und Bildberatung

Herstellung und Verlag: BoD – Books on Demand, Norderstedt

ISBN: 978-3-7583-0521-4

Inhaltsverzeichnis

Prolog

Anspruch und Realität

Bilder:
Bundesministerin Svenja Schulze im Dialog
mit dem Autor Dieter Mende;
EEZ Energie Energiewirtschaft Zukunftsenergien

Heute haben nicht mehr viele Menschen in Erinnerung, dass bereits mit einer Aussage von dem Kanzlerkandidaten der SPD **Willy Brandt in seiner Wahlkampfrede vom 28. April 1961** die Energiewende hätte beginnen können.

Die Wähler hatten jedoch anders entschieden. Dass damit die Umweltpolitik in Deutschland starten würde, hatte damals noch niemand geahnt:

„Der Himmel über dem Ruhrgebiet muss wieder blau werden".

„Reine Luft, reines Wasser und weniger Lärm dürfen keine papierenen Forderungen bleiben", hatte Willy Brandt gefordert. Auslöser für diese Forderung waren Untersuchungsergebnisse, die bereits im Jahr 1961 gezeigt haben, dass mit der Zunahme der Verschmutzung von Luft und Wasser eine Zunahme von Leukämie, Krebs, Rachitis und Blutbildveränderungen, dies sogar schon bei Kindern, im Ergebnis steht. Willy Brandt hatte mit Bestürzung festgestellt, dass diese Gemeinschaftsaufgabe viele Anstrengungen benötigt, dass auch die Industrie dabei unterstützen muss, wenn es um die Gesundheit von Millionen Menschen geht. Die Menschen kamen zu dieser Zeit nach dem Krieg gerade aus dem Wiederaufbau Deutschlands und erlebten den Aufschwung, erlebten die Zunahme an Arbeits-plätzen und hatten den Impuls von Willy Brandt falsch eingeschätzt als bedrohlich für den beginnenden Wohlstand. Insofern war der Aufruf von Willy Brandt „Der Himmel über dem Ruhrgebiet muss wieder blau werden!" durchaus zugleich mutig und doch auch wichtig. Annähernd achtzig Hochöfen und hundert Kraftwerke haben Anfang der Sechziger Jahre so viel Kohlestaub und CO_2 ausgestoßen, dass im Winter der Schnee meistens grau bis rußig schwarz vom Himmel gefallen ist.

Die Energiewende verstehen

Die Energiewende ist nicht trivial und hat mit dem Wasserstoff eine bisher nicht gekannte Flexibilität für die Energiewende durch die Kopplung der Sektoren elektrischer Strom, Wärme, Gase- und Treibstoff-Produkte; Power-to-X.

Sie erfahren die wohl spannendsten Entwicklungen in der modernen Welt mit den Herausforderungen von Heute; dies zum einen mit Blick auf den Erhalt der Energieversorgungssicherheit für die Menschen, dies zudem mit Blick auf die vielen Chancen für die kommenden Generationen.

Ein Buch über die Energiewende befasst sich unbedingt auch mit dem Strukturwandel und ist auch ein Zeugnis der sehr großen Anstrengungen und der Herausforderungen, welche die Regionen eingehen und bewältigen, wenn die Ziele klar definiert sind und wenn die regionale Identität mit diesen Zielen interkommunal unterstützt ist.
Ein Buch über die Energiewende ist zudem auch ein Zeugnis großer Anstrengungen und Herausforderungen, welche die Unternehmen in den Energiemärkten eingehen und bewältigen, wenn die etablierten Strukturen aufgebrochen werden und vernetzt werden mit neuen bzw. mit ergänzenden Geschäftsmodellen, wenn mit den erweiterten Energieprodukten die ergänzenden Dienstleistungen entstehen.

Die Energiewende ist sehr viel mehr, als nur die zunehmende Nutzung der Erneuerbaren Energien!
Die Energiewende ist ein Jobmotor.

Der Erfolg der Energiewende hängt somit ganz entscheidend ab von dem Beginn und von dem Tempo der Umsetzung definierter Ziele, was die Entschlossenheit und die regionale Identität mit den entstehenden Handlungsfeldern erfordert.

Hervorgehoben ist hier begründet die Region Emscher-Lippe; diese Region ist ideal beispielhaft dafür, wie viel ganzheitliche regionale Identität die einzelnen Schritte und Wege in der Energiewende verlangen, damit Zielvereinbarungen zukunftsfähig umgesetzt werden können.
Die Geschichte der Region Emscher-Lippe ist auch eine Erfolgsgeschichte der dort lebenden Menschen, welche die Herausforderungen mitgetragen haben, ausgelöst durch den Strukturwandel; die Thematik des Humankapitals wird immer wieder den Buchverlauf tangieren.

Es gibt ein altes Sprichwort: „Wer auf den Schultern eines Riesen sitzt, hat es leicht neue Horizonte zu erblicken."

Auch die Region Emscher-Lippe im nördlichen Ruhrgebiet hat die Schließungen der Zechen hart getroffen mit dem daraus resultierenden Strukturwandel. Die Region Emscher-Lippe hat nicht nach einem Riesen rufen können, der die Region schultert und die Region voranträgt zu neuen Zielen; die Herausforderungen für die Region sind auch heute noch zahlreich. Der regionale Nukleus h2herten mit der Erweiterung in die überregionalen Engagements mit dem h2-ntzwerk-ruhr ist beispielhaft.

Wenn die Energiewende in der anspruchsvollen und in der bevölkerungsreichen Region Emscher Lippe gelingt, dann kann die Energiewende überall gelingen!
Der Klimawandel ist bereits jetzt deutlich sichtbar und die Folgen kommen schneller als befürchtet.

Eines der "drei Wörter des Jahres 2019" war Klimajugend!
Die Menschen, die für die Energiewende seit Jahren mahnend kommunizieren, nicht nur die Jugend mit z.B. Fridays-For-

Future, auch die vielen Organisationen, konnten das Agieren des Bundeswirtschaftsministers Peter Altmaier (CDU) nicht nachvollziehen. Im Verlauf des Bundestagswahlkampfs 2021 hat das Wahlprogramm der CDU großen Unmut ausgelöst bei den Menschen; dies mit Blick auf die Energiewende mit dem Klimawandel und mit dem Umweltschutz mangels konkreter Aussagen, wie die Energiewende umgesetzt werden soll.

Auf der einen Seite hatte der Bundeswirtschaftsministers Peter Altmaier in seinen Ausführungen den regenerativ erzeugten Wasserstoff bezeichnet als wichtige Säule für das Gelingen der Energiewende. Auf der anderen Seite verhinderte der gleiche Minister den Ausbau der Windenergie durch derart verschärfte Anforderungen, dass viele der bereits bestehenden Wind-energieanlagen an dieser Stelle heute nicht mehr errichtet werden dürften.

Soll die Energiewende gelingen, ist der Ausbau der regenerativ erzeugten Energien alternativlos. Sollen die gesetzten Ziele mit Blick auf den Ausstieg aus der Kohle gelingen, muss die Politik darauf achten, dass die konträr zueinander wirkenden politischen Beschlüsse umgehend im Sinne des Gelingens der Energiewende geändert werden. Diese aktuell vorherrschenden Unstimmigkeiten sind Gegenstand der mahnenden Menschen in Deutschland.

Den Menschen in der EU ist nicht erst mit den neuesten Klimaentwicklungen bekannt und bewusst, dass der Weltfrieden unmittelbar abhängig ist von der Energiewende. Besonders stark treffen die Auswirkungen des Klimawandels die Menschen in den ärmeren Ländern, wie auch die Menschen in Afrika.

Wenn sich die Lebensbedingungen der Ärmsten immer weiter verschlechtern und sich die Menschen auf den Weg machen in die gemäßigteren Zonen der Erde, hat das einen erheblichen Einfluss auf den Weltfrieden.

Den Menschen in der EU sind die konträren Äußerungen zu den Klimaberichten von denjenigen, welche vor dem Hinter-grund derer Lobbyarbeit um die aktuelle Kohlepolitik bemüht sind, schon länger nicht mehr nachvollziehbar und jetzt auch nicht mehr akzeptiert; das Ausbremsen der Energiewende hatte einen großen Einfluss auf den Ausgang der Bundestagswahl 2021.

Diejenigen, die mit gut bezahlter Lobbyarbeit für die aktuelle Kohlepolitik agieren mit bewusst unvollständigen Impulsen, mit dem Ziel der Verunsicherung in der Bevölkerung, stehen spätestens jetzt mit Blick auf die aktuellen Klimaberichte vor der Entscheidung, ob deren Agieren vertretbar ist, ob die Gier nach Reichtum durch die Lobbyarbeit höher gewichtet wird als die Verantwortung für die kommenden Generationen.

Dass auch Versicherungsgesellschaften investieren in die Technologien und in die Infrastruktur der Energiewende, ist begründet in der Vermeidung steigender Schadenaufkommen, wie durch extremere Wetter; ausgelöst durch den Klimawandel.

Bürgerwindgenossenschaften sind ein Beispiel dafür, dass sich die Energiewende in Verbindung mit der Bürgerbeteiligung nicht nur positiv auswirkt auf die Reduzierung des Klimawandels, dass sich damit auch eine sehr interessante Geldanlage-möglichkeit für die Menschen ergibt, in welcher jede:r für sich selbst entscheiden kann, wieviel Geld eingebracht werden soll in die Bürgerbeteiligung.

Die Energiewende ist in Deutschland ein Jobmotor geworden; das Know-how in der Technologie und das Know-how in der Infrastruktur sind global gefragt.

Antonio Guterres (UN-Generalsekretär) war mit Blick auf die Ergebnisse des Weltklimaberichts vom August 2021 veranlasst, die Politik zu raschem Handeln aufzufordern.

Svenja Schulze (Bundesumweltministerin; SPD) warnt mit Blick auf die Ergebnisse des Weltklimaberichts vom August 2021 mit den Worten: "Der Planet schwebt in Lebensgefahr".

"Aha, so also gelingt die Energiewende !!"

Dieses Buch hat eine weit gefächerte Zielgruppe: an der Energiewende interessierte Bürger*innen, Schüler und Lehrer, Entscheidungsträger in den politischen Ebenen, Orientierung und Impulse suchende Unternehmer, Entwickler und Ingenieure in den Unternehmen.
Mit dem Schreiben des Buches wurde bewusst verzichtet auf die sonst in den Sach- und Fachbüchern zu findenden, aneinander gereihten, fachlichen Begriffen, vielmehr werden die Zusammen-hänge erklärend benannt; verständlich für weniger Technik affine Menschen, zu keiner Zeit langweilig für Experten.
Damit für die weniger Technik bewanderten Leser auch die anderen Sachbücher zur Energiewende lesbar werden, ist ein Begleitbuch erstellt worden:

"Aha, so also gelingt die Energiewende !!"
Herstellung und Verlag: BoD – Books on Demand, Norderstedt
ISBN: 978-3-7543-2740-1

Kennen Sie das auch? Der Facharzt/die Fachärztin berichtet beim jährlichen Gesundheits-Check von den Ergebnissen der Untersuchungen mit den medizinischen Fachbegriffen. An dieser Stelle nicken viele Menschen, ohne dass die Aus-führungen wirklich verstanden worden sind und geben sich zufrieden, wenn die Ärztin/der Arzt dabei freundlich lächelt.

Das Nachfragen hilft, wenn die Ärztin/der Arzt nicht gut genug erklärt haben ... und plötzlich sprechen die Ärztin/der Arzt in einem verständlichen Umgangsdeutsch.

Warum nicht gleich so?

Nicht anders verhält es sich mit vielen Sachbüchern zur Energiewende; man muss sich tatsächlich fragen, für welche Zielgruppe das Sachbuch verfasst worden ist. Für das Fachbuch ist der Inhalt nicht speziell genug, für das Sachbuch ist der Inhalt überladen mit Sach- und Fachbegriffen, so dass Leser*innen ein umfangreiches technisches Grundverständnis mitbringen müssen.

Das Begleitbuch "Aha, so also gelingt die Energiewende !!" erklärt die Sach- und Fachbegriffe nicht nur wie ein alpha-betisch angeordnetes Nachschlagewerk, das Begleitbuch geht darüber hinaus und zeigt Zusammenhänge. Zudem ist das Begleitbuch auch lesbar wie ein Sachbuch, mit vielen Aha-Momenten auch für Leser*innen, welche sich schon intensiv beschäftigt haben mit der Energiewende.

Die globale Ausganglage

Globale Chancen und das Image der Energiewende.

In dem Verlauf des Buches wird aufgezeigt, dass und wie mit dem Energieträger Wasserstoff die Klammer entsteht, welche die Energiewende umfasst gemeinsam mit dem Klimawandel, mit dem Umweltschutz, mit der Energieversorgungssicherheit … bis hin zu dem Weltfrieden.

Bis hin zu dem Weltfrieden?
Wie das?

Zum einen hat die Energiewende das Ziel, dass zunehmend verzichtet wird auf das Verbrennen der fossilen Energieträger. Kriege um fossile Energieträger dürften hoffentlich bald der Vergangenheit angehören. Wind und Sonne sind im weltweiten Fokus nicht derart konzentriert auf regional ergiebige Landesteile, wie mit dem Blick auf die Verfügbarkeit von den fossilen Energieträgern Erdöl und Erdgas, so dass daraus keine neuen geopolitischen Machtfaktoren entstehen werden.

Erneuerbare Energien wie der Wind, die Sonne, die Geothermie, die Wasserkraft, die Biogase und das gesamte Spektrum regenerativer Energieerzeugung, haben das Potenzial, dass die Welt friedlicher werden kann.

Zum anderen ist das Aufhalten der Auswirkungen durch den Klimawandel wichtig auch mit Blick auf die Länder z.B. in Afrika, in denen bereits aktuell das Leben durch karge Böden mangels Wasser schwer ist für die dort lebenden Menschen.

Wenn der Klimawandel in diesen Regionen das Leben der Menschen unmöglich macht und sich in Folge Millionen von Menschen auf den Weg machen in die gemäßigteren Zonen der Welt, dann ist der Weltfrieden bedroht.

Auch China hat diese Zusammenhänge erkannt; China weniger mit Blick auf eine mögliche Völkerwanderung ausgelöst durch den Klimawandel, China vielmehr mit Blick auf den Zukunftsstandort Afrika, der mit den Potenzialen der regenerativen Energieerzeugung mit der Sonne enorme Expansionschancen bietet. China vergibt bereits jetzt viel Geld an afrikanische Staaten; Geld, das die afrikanischen Staaten mit Blick auf die Verträge vermutlich nicht immer zurückzahlen können, so dass in Folge der durch China geförderte Infrastrukturaufbau, wie z.B. die Häfen in Afrika, zum Teil in den Besitz von China übergehen kann.
Aktuell zeigt sich, dass China zum einen durch die Know-how-Maximierung mit Blick auf Zukunftstechnologien, dass China zum anderen durch das Bestreben zur Erreichung von Anteilen an der weltweiten Infrastruktur, eine geopolitische Macht aufbaut.

Unwahrscheinlich ist jedoch, dass ein Land mit den wirtschaftlichen Potenzialen der Energiewende global eine derart große Macht erreichen kann, dass dieses Land mit einem Energieembargo die Welt quasi lahmlegen kann, so wie es mit Blick auf 1973 der OPEC gelungen ist mit dem Erdölembargo.
Sollte ein Land einen Handelskrieg ausbrechen lassen, werden die bis dahin bereits installierten Anlagen zur Erzeugung der regenerativen Energien auch weiterhin Energie erzeugen.
Die EU hatte bereits im Millenniumjahr 2000 betont, dass die Zeit gekommen ist für eine europäisch einheitliche Energiepolitik.

Nicht nur Afrika ist zu nennen, wenn über die regenerative Energieerzeugung als Exportware gesprochen wird. In den Fokus gelangt sich z.B. auch die Länder wie Island und Norwegen, welche in Analogie zu dem Reichtum an Erdöl, zunehmend als das Kuwait von übermorgen bezeichnet werden.
Island erzeugt einen großen Teil der Energie aus der Geothermie; die Geysire von Island demonstrieren die enorme Verfügbarkeit an Energie. Island benötigt für den eigenen Energiebedarf eher einen Bruchteil der Geothermie. Norwegen erzeugt viel Energie mit dem Wind; die durchschnittliche Jahreswindgeschwindigkeit liegt in Norwegen bei 38 km/h.

In Russland, in den USA, in Europa, in Afrika, in Australien, überall auf der Welt sind die Potenziale der regenerativen Energieerzeugung bekannt.
Der Energiespeicher Wasserstoff ist dabei die globale Klammer, welche die weltweit verteilten regenerativen Energiequellen verbindet mit dem Technologie-Know-how sowie mit dem Infrastruktur-Know-how.

Des Weiteren hat die Energiewende das Potenzial, dass der Wohlstand in der Welt, welcher wesentlich gekoppelt ist an dem Zugang zur Energie, gerechter verteilt sein kann.

Die Energieversorgung und die Gesundheitsversorgung, wie geht das zusammen?
Mit dem nachfolgenden Link dokumentiert die EU die zunehmende Beeinflussung des Klimas und der Temperatur auf der Erde durch die Menschheit, ausgelöst durch die Nutzung fossil gebundener Energien, durch das Abholzen von Regenwäldern und durch die Viehzucht.

Mit diesem Link dokumentiert die EU die Ursachen des Klimawandels und auch die Folgen des Klimawandels und benennt neben den Gefahren für die Pflanzen- und die Tierwelt auch die Gefahren für die menschliche Gesundheit.

Die Klima-Politik der EU:
https://ec.europa.eu/clima/change/causes_de

Bereits mit der Ausgabe 3 im September 2013 hat der UMID Umwelt und Mensch Informationsdienst das Schwerpunktthema Energiewende und Gesundheit vorgestellt mit Beteiligung des Bundesamts für Strahlenschutz, des Bundesinstituts für Risikobewertung, des Robert Koch Instituts und des Umwelt Bundesamts.

Herausgestellt wurde, dass die Maßnahmen der Energiewende helfen können mit Blick auf die Verringerung von Krankheitslasten. Herausgestellt wurde auch, dass in der Vergangenheit die Querschnittsthemen nicht in der Form bearbeitet worden sind, so dass die Sektoren übergreifenden Ergebnisse, wie die erkannten Gesundheitsaspekte, mit den Zielen der Energie-wende nicht zeigen können.

Exakt darin liegt die Ursache, dass eine Akzeptanz bei den Bürger*innen mit Blick auf die Energiewende noch immer nicht vollständig greifen konnte.
Die Energiewende ist im Ergebnis tatsächlich ein regenerativer Energiemix, kombiniert mit einem Speichermix, welcher eine Vervollständigung erfährt mit dem Sektoren-Mix:
elektrischer Strom mit dem Gas, mit der Wärme sowie mit der Anwenderkopplung mobil und stationär.

Eine solch komplexe Zusammenführung ohne ganzheitliche Betrachtung hat mit Blick auf die Skeptiker der Energiewende in der Vergangenheit keine Akzeptanz schaffen können; eine solch komplexe Zusammenführung erfordert ein hohes Maß an praxisnahen Demonstrationen für die Bürger*innen.

Die Dekarbonisierung, der Verzicht auf die Verbrennung fossiler Energieträger wie der Kohle, dem Erdöl und dem Erdgas reduziert die Luftschadstoffe; das ist für die Bürger*innen gut erklärbar gewesen. Damit konnte die Politik im Ansatz viel Akzeptanz auslösen, weil das Verbrennen fossiler Energieträger ein Hauptauslöser für Lungenkrankheit ist.

Es hat jedoch bereits die Kommunikation gefehlt im Betreff der Flächenkonflikte mit Blick auf den Anbau in der Agrarwirtschaft; die Erzeugung von Bioenergie aus den nachwachsenden Rohstoffen wie den Energiepflanzen (Mais u.a.), wie dem Holz, stünde im Wettbewerb mit den Anbauflächen für die Lebensmittelindustrie, würde auch die Flächen der Naturschutzgebiete zusätzlich gefährden.

Für die Erzeugung der gleichen Menge an elektrischem Strom wird für die Erzeugung aus der Bioenergie tatsächlich um das Hundertfache mehr an Fläche benötigt, als wenn diese Energie erzeugt wird mit Solarmodulen.

Windenergieanlagen erzeugen keinen relevanten Flächenkonflikt, z.B. mit Blick auf die Landwirtschaft.

Das Image der Energiewende hat sich in den vergangenen Jahren verbessert.

Hatte noch vor etwa zwanzig Jahren die Lobby der fossilen Energieträger Kohle, Erdöl und Erdgas argumentiert, dass die regenerative Energie wegen der unbeständigen, fluktuierenden Erzeugung keine Grundlast darstellen kann mit Blick auf die Versorgungssicherheit mit elektrischem Strom, wurden die konventionellen Kraftwerke als alternativlos dargestellt. Mit dem Energiespeicher Wasserstoff wurde diese Argumentation entkräftet.

Hatte noch vor etwa zehn Jahren die Lobby der fossilen Energieträger Kohle, Erdöl und Erdgas argumentiert, dass die regenerative Energie auch mit dem Speicher Wasserstoff bei weitem nicht ausreichen kann, damit der hohe Energiebedarf in der BRD gedeckt werden kann, wurde die Netzzentralität der konventionellen Kraftwerke hervorgehoben, wurden unberechtigt Netzprobleme benannt mit der dezentralen regenerativen Energieerzeugung.
Mit den Projekten wie dem Wasserstoff-Anwenderzentrum h2herten wurde gezeigt, dass mit der regenerativen Energieerzeugung eine Anlagenführung möglich ist, welche sowohl als Insellösung die sichere Versorgung gewährleistet, welche sich zugleich auch netzstabilisierend auswirkt mit dem Netz parallelen Betrieb und mit einer intelligenten Netzführung; das virtuelle Kraftwerk.

Hatten noch vor etwa sieben Jahren die Lobby-Vertreter der fossilen Energieträger Kohle, Erdöl und Erdgas mangels einer ernsthaften und ganzheitlichen Diskussion zur Energiewende argumentiert, dass die Herausforderungen der Energiewende technisch noch nicht ausgereift sind, konnten in dieser Zeit bereits erfolgreiche Lösungen präsentiert werden.

Die Lobby der fossilen Energieträger ist dem begegnet, indem bewusst unvollständige Fragestellungen für Verunsicherung sorgen sollten; Positionen, welche uns im Verlauf des Buches öfter begegnen mit Blick auf die Themenbereiche sowie mit der ganzheitlichen Betrachtung von der Energieerzeugung bis zu den Anwendungen.

Oft gehört waren die Aussagen, dass erst einmal herausgefunden werden müsse, ob sich die Elektromobilität mit der Batterie oder die Elektromobilität mit der Brennstoffzelle durchsetzen wird. Richtig ist, dass sich in der Elektromobilität die Fahrzeuge mit der Batterie und die Fahrzeuge mit Wasserstoff/ Brennstoffzelle einander ergänzen, wie aktuell in der Verbrennermobilität die Fahrzeuge mit Benzinmotor und die Fahrzeuge mit Dieselmotor einander ergänzen.

Oft gehört waren die Aussagen, dass eine Versorgungssicherheit mit elektrischer Energie nur möglich sein kann mit der Netzzentralität. Richtig ist, dass regenerativ erzeugte Energien mit dem Wasserstoff nicht nur dezentrale Insellösungen ermöglichen, sondern auch netzparallel geführte Anlagen ermöglichen, welche durch eine intelligente Netzführung miteinander gekoppelt werden können zu einem virtuellen Kraftwerk.

Oft gehört waren die Aussagen, dass Deutschland ein Energieimportland sei und die Energie in Form von Wasserstoff auch in Zukunft aus dem Ausland bezogen werden müsse, weil die BRD nicht genügend regenerativ erzeugte Energie vorhalten kann. Richtig ist, dass der Wasserstoff aus dem Ausland mit der Transportinfrastruktur erheblich teurer ist, dass mit dem Ausbau der regenerativen Energieerzeugung durch moderne Windenergieanlagen in Verbindung mit der Erzeugung von elektrischer Energie durch moderne Solaranlagen ein erheblicher Anteil der

Wasserstofferzeugung in Deutschland erfolgen kann und sich preisreduzierend auswirken kann für die Energieverbraucher.

Jede einzelne Kilowattstunde regenerativ erzeugter Energie, die in Deutschland lokal/regional erzeugt wird, trägt durch die Vermeidung der globalen Energietransportwege bei zur wichtigen Reduzierung der Energiekosten.

Die Nebenkosten für das Wohnen, bis hin zu den Produktionskosten in der Wirtschaft, sind an die Preisentwicklungen für die Energie gekoppelt.

Die Akzeptanz der Energiewende ist in allen Bevölkerungsschichten angekommen mit Blick auf deren Notwendigkeit.

Wie sowohl private Interessen, als auch industrielle Ziele, sowie kommunale (regionale) Chancen gestaltet sein können im Betreff Beteiligungen, ist gegenwärtige Potenzialentwicklung.
Dort, wo die öffentliche Hand vorangeht und die Energiewende erlebbar und (er)fahrbar ist, zeigen sich bereits heute nachhaltig regionale Kompetenzen.

Die Gestaltung kooperierender Strukturen der Kommunen und Regionen miteinander hat gezeigt, dass mit dem aktuellen Übergang der Wasserstofftechnologien von der Forschung und Entwicklung in den Markt zahlreiche Möglichkeiten entlang der Wertschöpfungsketten entstanden sind; dies beginnend bei der Energieerzeugung über die Energiespeicherung bzw. Energieverteilung und Energiebereitstellung bis hin zu den Anwendungen; dies stationär, portabel und/oder mobil.

Die Elektromobilität, die Digitalisierung, der Klimawandel, der Umweltschutz, der Strukturwandel … die einander ergänzende Themen dürfen nicht länger getrennt voneinander betrachtet sein.

Ein Erfolg der deutschen Wirtschaft im internationalen Wettbewerb hängt ganz entscheidend von dem Beginn und dem Tempo der Transformationsprozesse ab in allen betrieblichen Strukturen, was den Kooperationswillen und die Umformung der betrieblichen Weiterbildung voraussetzt.

Nicht nur mit dem Blick auf die Wasserstoff- und Brennstoffzellentechnologie, auf die Windenergie, auf die Photovoltaik und auf die Biomasse verfügt NRW über international anerkannte Kompetenzen.
Weltweit nutzen die Industrie-Staaten, zunehmend auch die USA sowie China, Indien oder Brasilien unsere Energiekompetenzen.

Eine zunehmend starke Rolle haben Klein- und Mittelständische Unternehmen KMU übernommen hinsichtlich der Entwicklung und der Herstellung zukunftsweisender Energietechnologien mit dem entsprechenden Serviceangeboten und mit den Dienstleistungen.

Die exzellente Facharbeiter-Qualifizierung, das Humankapital, ist ein weiterer Schlüssel der Erfolgsgeschichte in NRW.

Mit der Fragestellung, warum die Umsetzung der Energiewende nicht bereits vor einigen Jahren gestartet ist, wird der Blick auf die bisherigen Abläufe in der Wirtschaft wichtig.
In der Vergangenheit wurden die Ergebnisse der Grundlagenforschung und z.B. der Materialforschung eher aufgegriffen von innovativen Klein- und Mittelständischen Unternehmen KMU.

In der Vergangenheit wurden die Ergebnisse der Grundlagenforschung und z.B. der Materialforschung auch aufgegriffen von von Unternehmensgründern, welche anhand der Ergebnisse ein Geschäftsfeld aufbauen.

Die daraus resultierenden unternehmerischen Ergebnisse oder Produkte wurden in der Vergangenheit von den Großunternehmen gekauft; zum Teil wurden die KMU von den Großunternehmen übernommen; z.B. mit Blick auf die Patente.
Früher wurden die Großunternehmen bezeichnet als Leitunternehmen, weil diese einen wesentlichen Einfluss ausüben konnten auf die Märkte.

Mit Blick auf die Energiewende und mit ganzheitlicher Betrachtung von der Quelle, von der regenerativen Energieerzeugung, bis zu den Senken, bis zu den Anwendungen, ist ein ganzer "Blumenstrauß" an unternehmerischen Chancen entstanden.

Die Vielfalt der Chancen mit der Energiewende ist zwar dargestellt worden mit deren Wirkungsweise, die Vielfalt der Chancen mit der Energiewende ist aber nicht dargestellt worden in den zeitlich eingegrenzten Betrachtungen durch die Bilanzierungen der Großunternehmen, deren Aktionäre vor allem anderen die Gewinnmaximierung der bestehenden Geschäftsfelder fokussieren.

Somit ist nicht nur die Situation entstanden, dass die Energiewende nicht passen wollte in die Zielvereinbarungen der Großunternehmen mit einer Laufzeit bei meist einem oder zwei Jahren, es ist zudem auch noch die Situation entstanden, dass aus Sicht der Aktionäre mit der Energiewende ein Wirtschaftszweig entsteht, der im Wettbewerb stehen kann zu den bestehenden Geschäftsfeldern.

Dies aufgrund deren produktorientierten Betrachtungsweise, welche eine ganzheitliche Betrachtung oft nicht ermöglicht hat.

Wenn das früher auch schon so gewesen ist, wie konnten dann die ersten Energiewenden gelingen von der Holz- und Kohleverbrennung zur Erdöl- und Erdgasverbrennung? … Von der Erdöl- und Erdgasverbrennung zur Atomenergie?

Über die Nischenmärke.
Überall dort, wo in den Abläufen eine Optimierung gefunden worden ist, z.B. zur Erleichterung der Arbeitsabläufe, oder zur Ergiebigkeit der angestrebten Ergebnisse, wurden Erfindungen und Entwicklungen in bestehende Abläufe integriert; zunächst in einer ganz speziellen Anwendung, in einer Marktnische.

Nischenmärkte sind kein Provisorium!
Nischenmärkte sind die ersten Eintritte in reale Märkte.

Auch die erfolgreichsten Entwicklungen am Markt haben ihren Ursprung in einem speziellen Segment mit zunächst unvollständiger Wertschöpfungskette.
An den Tangenten der Nischenmärkte entstehen erweiterte Marktmodelle oder neue und ergänzende Marktmodelle.
Schon in der Vergangenheit haben die Regionen durch das Erkennen und durch die Ansiedlung unternehmerischer Tätigkeiten in den Nischenmärkten im Nachgang erfolgreich die zahlreichen Arbeitsplätze schaffen können.

Das Erkennen einer Marktnische resultiert nicht zwingend aus einer Versorgungs- oder Marktlücke.

Das Erkennen einer Marktnische kann z.B. auch resultieren aus der Attraktivität für Konsumenten (Mainstream) oder, wie in dem Fall der Energiewende, aus einer umweltpolitischen Notwendigkeit.

Warum sind es nun aber doch die global agierenden Energieversorgungsunternehmen, welche jetzt starten mit dem Energiespeicher Wasserstoff in die aktuelle Energiewende?

Weil eine zukunftsfähige Infrastruktur in der Energiewende die bestehenden Sektoren elektrischer Strom, Gas und Wärme koppelt mit intelligenten Netzen und daraus ein Marktumfeld entsteht, das die bestehenden Marktmechanismen übergehen lässt in Brückentechnologien, welche den Zukunftstechnologien den Weg bereiten sollen.

Der Energieträger/-speicher Wasserstoff ist dabei eine tragende Säule.

Eine genaue Betrachtung der technischen Potenziale Power to Heat, Power to Fuels, Power to Gas und Power to Chemicals mit Blick auf die Kopplung der Sektoren Strom, Gas und Wärme in intelligenten Netzen zeigt Stoffströme, an deren Tangenten weitere Potenziale entstehen. Der Energiespeicher Wasserstoff spielt in immer mehr technischen Potenzialen eine wesentliche Rolle; dies, wenn erzeugt aus regenerativ erzeugter Energie, zudem umweltfreundlich und klimaneutral.

Für das Erkennen und für das Verstehen dieser Zusammenhänge ist der Blick in die Vergangenheit insofern wichtig, weil
damit der Auslöser für das zurückliegende Fehlen der Dynamik
erkennbar wird.
Ist es wirklich so einfach, dass mit dem Finger auf die Großunternehmen in der Energiewirtschaft, dass mit dem Finger auf
die Fahrzeughersteller gezeigt werden kann?
Nein.

Das Ziel eines Unternehmens soll die Gewinnmaximierung sein.
Es ist völlig legitim, wenn ein Unternehmen dieses Ziel schützt
im Wettbewerb zu anderen Unternehmen, zu anderen Produkten.
Der Wettbewerb ist keine Gefahr in den Märkten, der Wettbewerb ist oft auch der Auslöser für Innovation.
Warum die aktuelle Energiewende erst jetzt als Innovation
kommuniziert wird und nicht mehr als Gefahr für die Märkte, liegt
nicht allein in der umweltpolitischen Notwendigkeit.

Der Auslöser für das zurückliegende Fehlen der Dynamik in der
Energiewende liegt nicht allein darin, dass ein ganzer
"Blumenstrauß" an unternehmerischen Chancen mit Blick auf die
Energiewende und mit der ganzheitlichen Betrachtung von der
regenerativen Energieerzeugung bis zu den Anwendungen
unübersichtlich gewesen wäre.
Der Auslöser für das zurückliegende Fehlen der Dynamik in der
Energiewende liegt in der Kombination aus der vielfältigen
Chancenerkennung durch eine vielfältige Unternehmensland-
schaft, welche auf die eigenen, bisher getrennt betrachteten
Geschäftsfelder fokussiert waren.

Der berühmte Blick über den Tellerrand hat schnell fremde
Geschäftsfelder tangiert, so dass eine weiterführende Kommunikation nicht entstanden ist.

Zur Verdeutlichung diese Aufstellung:

Die Schlüsseltechnologie für das Gelingen der Energiewende ist zum einen die Wasserstofftechnologie mit der Speicherung und mit der Bereitstellung von Energie.
Die Schlüsseltechnologie für das Gelingen der Energiewende ist zum anderen die Energiewandlung, zu welcher auch die Brennstoffzellentechnologien und die Elektrolysetechnologien gehören.
Soweit ist das technisch nachvollziehbar.

Anders war in der Vergangenheit die Ausrichtung der Unternehmen mit Blick auf deren unternehmerische Zuständigkeiten.

Die Schlüsselunternehmen für das Gelingen der Energiewende sind zahlreich:
+   die Energieversorger,
+   die Chemie,
+   der Anlagenbau,
+   der Maschinenbau,
+   die Fahrzeugindustrie,
+   und viele mehr.

Man sollte meinen, dass, wenn eine unternehmerische Chance entsteht mit der Energiewende durch den Energiespeicher Wasserstoff und durch die Energiewandler Brennstoffzelle und Elektrolyse, dass daraus "naturwüchsig" ein Gesamtinteresse der Unternehmen entsteht; dass somit die Chemie mit Blick auf den Wasserstoff in den Dialog geht mit dem Anlagenbau mit Blick auf die Brennstoffzellen und auf die Elektrolyse.

Auch mit diesem Fokus zeigt sich wieder:
EU-/Bundes-/Landesweit denken und vor Ort handeln ist kein Widerspruch, sondern vielmehr dynamische Energiepolitik.

Es ist auch hier wieder so wie auch in der Vergangenheit:
eine:r muss einfach einmal machen und starten.

Der Schlüssel für die Regionalentwicklung findet sich in den Kompetenzzentren der Länder.

Der Schlüssel für das Umsetzen des Technologie-Know-how findet sich in dem Humankapital mit der Zusatzqualifizierung.

Der Schlüssel für die Wirtschaftsförderung findet sich in der konstruktiven Netzwerkarbeit; auch über Beiräte.

Der Schlüssel für die Stärkung der Entwicklungsprozesse findet sich in einer pro-aktiven Kommunikation mit lokaler Identität.

Der Schlüssel für den offenen Strukturaufbau findet sich in den Veränderungsprozessen, welche z.B. den Umbau von der Montan-industrie in die Zukunftsindustrie begleitet.

Der Schlüssel für die Kompetenzfeldförderung ist die Gründung von innovativen Arbeitsteams, bestehend aus den Arbeitgebern, den Gewerkschaftern und den Arbeitsmarktexperten.
Akteure mit dem nötigen "inneren Drive" für Veränderungen.

Der Schlüssel für die Umsetzung sind die Regionalprogramme und Regionalprojekte.

Die hier aufgeführten Schlüssel waren in der Vergangenheit und sind auch heute noch bewährte Abläufe, welche einander anstoßen und am Ziel orientiert erfolgreich miteinander agieren; bildlich gesehen wie eine Reihe mit Dominosteinen.

Wenn aber der erste Anstoß/Impuls nicht erfolgt, kann die bewährte Reihe der genannten Schlüssel nicht funktionieren.

Somit wird mit Blick auf die hier genannten komplexen Zusammenhänge auch in der Energiewende erkennbar, dass eine:r nach dem Erkennen der Chancen einfach einmal macht und die Eigeninitiative startet.

Regionaler Nukleus in der Energie-Region Emscher-Lippe ist h2herten, welcher schnell an überregionaler Bedeutung gewonnen hat und bis heute eines der EU-weit seltenen Zentren hat, welche erfolgreich demonstrieren, DASS und WIE die Energiewende funktioniert; das Wasserstoff-Anwenderzentrum h2herten.

Zum einen die internationalen Besucherströme, zum anderen auch die internationale Zusammenarbeit mit Unternehmen, wie aus Japan, aus Kanada und aus den USA, bestätigen den Erfolg des Wasserstoff-Anwenderzentrums h2herten.

Bild: Panoramaaufnahme von der Halde Hoheward. Rechts gelegen in dem Bild ist Das Wasserstoff-Anwenderzentrum h2herten, im Hintergrund sehen Sie die erhaltenen Bestandsgebäude der ehemaligen Zeche Auf Ewald.
Die Wasserstofftankstelle ist von diesem Standort blickend verdeckt durch das Wasserstoff-Anwenderzentrum h2herten;
Dieter Mende, EEZ Energie Energiewirtschaft Zukunftsenergien

Der skizzierte Zeitpfad zeigt die überregional strahlende Dynamik, ausgelöst durch den Nukleus h2herten, welcher geführt hat zu dem HyExpert Kreis Recklinghausen, welcher die Gründung des h2-netzwerk-ruhr ausgelöst hat mit dem Energiespeicher Wasserstoff:

1996   Identifizierung des Energieträgers Wasserstoff als wertvoller Beitrag mit einer zunehmend regenerativen Energieerzeugung.
1999   Identifizierung der Möglichkeiten und Chancen des Energiespeichers Wasserstoff in der Energieinfrastruktur.
2002   Identifizierung der regionalen und überregionalen Leistungsträger.
2003   Auf- und Ausbau der daraus resultierenden Vernetzungen.
2006   Die Machbarkeitsstudie im Auftrag der Stadt Herten spiegelt mehr als positiv die identifizierten Ergebnisse.
2006   Bündelung der Wasserstoff- und Brennstoffzellen-Projekte im nördlichen Ruhrgebiet mit Herten.
2007   Beiratsgründung zunächst für die Region, anschließend erweitert.
2008   Gründung des h2-netzwerk-ruhr.
2009   Eröffnung des Wasserstoff-Anwenderzentrums h2herten.
2009   Konkurrierende Kraftstoffe und Technologien haben die berechtigt zukunftsweisende Entwicklung der Brennstoffzellentechnologien und der Wasserstofftechnologien überregional strahlen lassen.
2010   Die stete Einbindung weiterer Leistungsträger über die Grenzen des Landes NRW hinaus.

Die absehbare Durchdringung der Wasserstofftechnologien in den verschiedensten Märkten erschließt die Erweiterung angestammter Produktionsprozesse und auch den Ausbau etablierter Industriestrukturen.

Die Erarbeitung eines Handlungsplans mit dem Ziel der Abdeckung der gesamten Wertschöpfungskette in der Energiewende ist in Herten das Ergebnis einer pro-aktiven Teamarbeit, welche die Brennstoffzellen- und Wasserstofftechnologien ganzheitlich betrachtet hat, beginnend bei der Produktentwicklung bis hin zu den Anwendungen.

Es ist kein Zufall, dass das HyServ-Center des am 31. Januar 2006 von der EU-Kommission genehmigte NRW/EU Projekts HyChain-Minitrans in Herten entstanden ist. HyChain-Minitrans ist zu der Zeit das größte EU-Verbundprojekt für die Markteinführung von Klein- und Leichtfahrzeugen mit Brennstoffzellenantrieb gewesen. Leichtfahrzeuge und Mini-Busse hatten den Demonstrationsbetrieb aufgenommen für die Identifizierung weiterführender Ansätze; Ziel des Projektes HyChain-Minitrans war die Einführung von Wasserstoff als alternativer Kraftstoff auf der Basis innovativer Brennstoffzellenfahrzeuge im kleinen Leistungsbereich bis 10 kW.

In dem Projekt wurden verschiedene Fahrzeugkonzepte entwickelt; nicht in Serie, vielmehr durch die Umbauten von bestehenden Fahrzeugmodellen, welche in den vier Regionen zum Einsatz gekommen sind:
+   Frankreich, in den Regionen – Grenoble,
+   Spanien, in der Region Soria/León,
+   Italien, in der Region Modena,
+   Deutschland, in der Region Emscher-Lippe.

Über einen dreijährigen Zeitraum wurden die verschiedenen Fahrzeugkonzepte eingesetzt und getestet.
Das Wasserstoff-Kompetenz-Zentrum H2Herten hatte als Standort für die Projektleitung gedient und auch als Qualifizierungs- und Informationszentrum gedient.

Die Koordination der dreijährigen Testphase der Fahrzeuge, der Aufbau und die Koordination von Schulungs-, Betreuungs- und Trainingsleistungen und die Entwicklung eines Marketings hatten wertvolle Ergebnisse generiert.

Mit den Ergebnissen ist deutlich geworden, wie wichtig die qualifizierten Mitarbeiter sind, wenn die erarbeiteten Ergebnisse umgesetzt werden sollen; mit Blick auf die Brennstoffzellen-technologien hat es eine spezielle Ausbildung nicht gegeben.
Für die beteiligten Unternehmen an dem Nukleus h2herten wurden für die Zusatzqualifizierung Arbeitskräfte der Radio- und Fernsehtechnik identifiziert, da diese die Montage filigraner Komponenten gewohnt waren, da diese auch mit dem Umgang hochwertiger Komponenten geübt waren.

Es ist schnell das Erkennen gefolgt, dass die Energiewende auch in dem Bereich der Zusatzqualifizierung noch Lösungen finden und anbieten muss. Der Innovator Energiewende erzeugt nicht nur Infrastrukturkapital, darüber hinaus erzeugt der Job-Motor Energiewende auch Humankapital.

Mit dem Blick auf die Herausforderungen zur Schaffung des Humankapitals wurden in Herten auch die schulischen Aspekte nicht vernachlässigt. h2herten hat bereits zu einem sehr frühen Zeitpunkt ab dem Jahr 2004 den Dialog aufgebaut mit dem Forschungszentrum Jülich, Institut für Werkstoffe und Verfahren der Energietechnik (IWV), Energieverfahrenstechnik (IWV 3).
Neben den Forschungs- und Entwicklungsaktivitäten rund um die Brennstoffzelle hat sich das IWV-3 mit erkennbarem Aufwand den Aspekten der Berufsorientierung gewidmet; dies sowohl für Schulabsolventen, als auch für Lehrveranstaltungen, sowie für Studenten und ebenso für die Weiterbildungs-maßnahmen für Ingenieure, Techniker und Handwerker.

Bezogen auf den Forschungs- und Entwicklungsgegenstand Brennstoffzellen ist das motivierte Heranführen an technische Aufgabenstellungen im Labor- und Werkstattbereich im Fokus gestanden; der wissenschafts- u. anwendungsorientierte Wissenstransfer an Universitäten und Fachhochschulen sowie die fundierte Heranführung von Ausbildern an die Vermittlung einer neuen Technologie stand im Fokus der Arbeiten.
Ein zukunftsorientierter Beitrag für die Aus-, Fort- und Weiterbildung ist auf unterschiedlichen Anforderungsebenen fokussiert im Sinne einer verzögerungsarmen Einführung und einer angestrebten Etablierung der Brennstoffzelle in den Märkten der Energieanwendungen.

Einen ausgesprochen guten Überblick hat der Autor Dieter Mende erhalten mit dieser Betrachtung:

+ Hintergrund
+ Projekte und Akteure
+ Analysen
  + Zielgruppen
  + Handwerk
  + Industrie
  + weiterführende Schule und Hochschule
  + Öffentlichkeit
  + Zeitschiene
  + Inhalte der Aus- und Weiterbildung
  + Vorbereitung der Anwender
+ Umsetzung
  + Transferebene: Anbieter - Vermittler
  + Transferebene: Vermittler - Anwender
+ Abschätzung Qualifikationsbedarf
+ Zusammenfassung
+ Ausblick

An dieser Stelle schließt sich der Kreis:

Zusammenfassend kann gelistet werden:
+ die Potenzialverknüpfungen durch Kompetenznetzwerk-
bildung mit der Wirtschaft ergeben durch die Bündelung
innovative Steuerungsgruppen.
  + wie konstruktiv wird die Kommunikation
  gefördert?
  + wie werden Partner geworben durch regionale
  Kompetenz?
+ Sind Leitunternehmen wirklich ein innovatives
Entwicklungspotenzial?
  + mit Blick auf den Auf-/Ausbau der Infrastruktur?
  + mit Blick auf die Technologie-Entwicklung?
  + mit Blick auf die Kompetenzverbünde bezüglich
  der Anwendungen?
  + mit Blick auf die industriepolitische Entwicklung?
  + mit Blick auf die strukturpolitische Entwicklung?
  + mit Blick auf die Forschung und Entwicklung?
  + mit Blick auf die Kooperationen und die Projekte?
  + mit Blick auf die Marktentwicklungen?
  + mit Blick auf die Qualifizierung der Berufsgruppen?
  + … oder blockieren Gewinn maximierende Unternehmen die Innovation?
+ Industriecluster versprechen Entwicklungspotenziale der
Wasserstoff- und der Brennstoffzellentechnologien.
  + wie gehen regionale Kompetenzzentren an das
  Thema heran?
  + welche Regionalprogramme / Regionalprojekte
  resultieren daraus?

Der Blick auf die anfängliche Fragestellung nach den Potenzialen, nach den aktuellen technischen Möglichkeiten, nach der Forschung und Entwicklung, nach den Bemühungen bezüglich einer zukunftsfähigen Infrastruktur, nach den Projektentwicklungen und den Erwartungen auf der Zeitschiene, bis zur Einführung der neuen Technologien in der Energiewende, generiert die Frage nach dem Markthochlauf der Wasserstoff- und der Brennstoffzellentechnologien.

Die Entwicklungsarbeit an den Brennstoffzellen ist bereits zu einem echten Wettbewerbsfaktor gereift. Die Brennstoffzellen sind die wirtschaftliche Chance zur Optimierung, zur Sicherung und zum Ausbau der High-Tech-Arbeitsplätze und der Unternehmenserfolge in der deutschen Wirtschaft.

Ein Erfolg der deutschen Industrie im internationalen Wettbewerb hängt ganz entscheidend von dem Beginn und dem Tempo der Transformationsprozesse in allen betrieblichen Strukturen ab, was den Kooperationswillen und die Umformung der betrieblichen Weiterbildung voraussetzt.

Innovative Steuerungsgruppen müssen in ihrer Außendarstellung gegenüber der Wirtschaft deutlich herausstellen, dass die Wasserstofftechnologie regional gewollt ist.
Dies bedarf einer regionalen Informations- und Demonstrationsarbeit. Nur indem ein Clustermanagement positiv erkennbar ist, können bei den Unternehmen die Zweifel an der Investition in einen Standort beseitigt werden.

Aktuelles Ziel muss sein die Bündelung der Möglichkeiten im Technologiefeld Brennstoffzellen- und Wasserstofftechnik zur Schaffung zukunftsfähiger Arbeitsplätze.

Die Ausgangslage eines Standortes ist nicht zugleich geprägt auf dem Gebiet der Brennstoffzellen- und der Wasserstofftechnologien durch:

+ überregional renommierte Wissenschaftseinrichtungen,
+ allgemein bekannte Großunternehmen mit Fokus auf die Anwendung,
+ industrielle Ansiedlung mit Fokus auf die Produktion,
+ industrielle Ansiedlung mit Fokus auf den Anlagenbau,
+ Versorgungsinfrastruktur mit Fokus auf Energieträger,
+ Konzentration von Herstellern des Wasserstoffs und anderen Brennstoffen,
+ Qualifizierungsarbeit im Bildungsnetzwerk mit Fokus auf das Humankapital.

Bezüglich der Anspruchshaltung auf eine industrielle und auf eine gewerbliche Führungsrolle einzelner regionaler Kompetenzzentren in Deutschland, sind diese gut beraten, ihren regionalen Auftritt zu überdenken und überzugehen in eine einander ergänzende Netzwerkarbeit, in welche das gesamte Potenzialraster der Energiewende einbezogen wird.

Das Image der Energiewende auf dem Gebiet der Brennstoffzellen- und der Wasserstofftechnologien ist regional unterschiedlich und ist abhängig von der regionalen Netzwerkarbeit.
Die Entwicklung einer Region kann nur erfolgreich bewältigt werden, wenn das gesamte industrielle und wissenschaftliche Umfeld der BRD in die Projektarbeit einbezogen wird.

Dies ist kein naturwüchsiger Prozess, sondern eine pro-aktiv ins Werk gesetzte Projektsteuerung durch ein Branchen übergreifendes Netzwerkmanagement.

Mit der Euphorie-Welle mit Blick auf den Energieträger Wasserstoff in den Jahren 2000 bis 2002 hatten manche Standortmanagements ihre Entwicklungsarbeit mit "Leitregion" benannt und laufen aktuell Gefahr des Anerkennungsverlusts als "Ankündigungsregion", da die Einbeziehung des gesamten Potenzialrasters der Energiewende ausgeblieben ist.
Standortmanagements, welche entsprechend den Zielen und Schwerpunkten der integrierten Landes-, Wirtschafts- und Arbeitspolitik ein Clustermanagement ohne industrielle Zwänge eines Leitunternehmens auf- und ausgebaut haben, erfreuen sich heute internationaler Beachtung und einer zu Beginn noch ungeahnten europaweiten Spitzenposition.

Kompetenzregionen, deren Standortmanagements und deren Entwicklungsarbeiten gekoppelt sind an die industrielle Ausrichtung eines Leitunternehmens (z.B. an ein Energieversorgungsunternehmen oder an einen Kfz-Hersteller), können nicht ohne industrielle Zwänge agieren. Mit Blick auf den Auf- und Ausbau der Infrastruktur, auf die Technologieentwicklung, auf die Kompetenzverbünde bezüglich der Anwendung, auf die industrie- und strukturpolitische Entwicklung, auf die Forschung und Entwicklung, auf die Reichweite der Kooperationen in den Projekten, auf die Marktentwicklung sowie die Qualifizierung der Berufsgruppen, muss die Frage erlaubt sein, welche Entwicklungspotenziale noch verfolgt werden können, wenn das Leitunternehmen die Projektarbeit einstellt?

Lange Zeit herrschte in der Politik tatsächlich die Überzeugung, dass es die Leitunternehmen der Energiewirtschaft und der Mobilität sein werden, welche der Entwicklung der Brennstoffzellen- und Wasserstofftechnologien zur Marktreife verhelfen.
Doch diese Unternehmen sind es eher nicht.

Wie eine Brennstoffzelle technisch funktioniert ist bekannt.
Die Gasaufbereitung ist schon lange kein technisches Novum
mehr. Wo also findet sich der Weg, die Entwicklungsarbeit an der
Brennstoffzellen- und Wasserstofftechnologie voranzubringen?
Probleme konnten in der Vergangenheit vielleicht die System-
schnittstellen erzeugen, daher ist die Forschung die verlängerte
Werkbank.

Werden die Unternehmen und wissenschaftlichen Einrich-
tungen zusammengefasst in den Verbundprojekten und in den
Demonstrationsvorhaben, entsteht Innovation.
Eine Entwicklung, welche der Energiewende aus den zuvor
benannten Gründen gefehlt hat für die erfolgreiche und für die
ganzheitliche Umsetzung.

Der Erfolg der Energiewende ist nicht zwingend gekoppelt an die
technische Gleichzeitigkeit der Brennstoffzellen- und der
Wasserstofftechnologien. Der deutlich erkennbare Fokus der
Industrie beruht in der Energiewende auf der grundsätzlich
technischen Zuverlässigkeit, der Kundenorientierung, der Markt-
nähe, der System-Vielfalt, der Marktrelevanz, der Wirtschaftlichkeit
und der Umweltverträglichkeit.

Der Blick auf die Entwicklungsarbeit für das Gelingen der
Energiewende beinhaltet die Teildisziplinen Systemanpassung,
Lebensdauer der technischen Komponenten, Energiedichte,
Reduzierung der Kosten, genormte Komponentenschnittstellen,
modularer Systemaufbau, Prozessdynamik, Systemdynamik,
Lastdynamik, Versorgungssicherheit und auch hier wieder die
Umweltverträglichkeit.

Der Job-Motor Energiewende

Der Job-Motor Energiewende und das Humankapital.

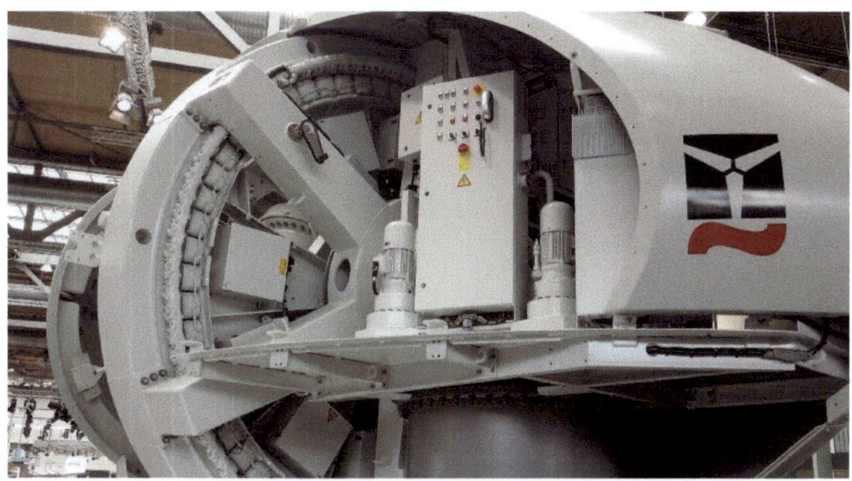

Der Jobmotor Energiewende, das Technologie-Know-how, das Infrastruktur-Know-how, entstehend mit der Energiewende, ist in Deutschland und ist global gefragt.
Bilder:
Dieter Mende, EEZ Energie Energiewirtschaft Zukunftsenergien
Foto beratend in Szene gesetzt von
Antje Mende, LIKES Layout Impuls Konzept Entwurf Style

Dem Autor Dieter Mende hat mit Blick auf den Auf- und auf den Ausbau der zukunftsfähigen Infrastruktur mit dem Energiespeicher Wasserstoff die ganzheitliche Betrachtung geholfen; Netze werken in und mit Netzwerken (Fokus: EU), Clustermanagements (Fokus: BRD):

+   Neue Strukturen, Partnerschaften, Kundenstämme erkennen, planen und umsetzen
        +   Konstruktion
        +   Entwicklung
        +   Aufbau
        +   Umsetzung
        +   Begleitung
        +   Unterstützung
+   Alte Strukturen, Partnerschaften, Kundenstämme erreichen, bewerten und optimieren
        +   Erhaltung
        +   Modernisierung
        +   Umbau
        +   Umsetzung
        +   Begleitung
        +   Unterstützung
+   Kräftefelder: Beobachtung, Auslotung, Aktualisierung
        +   Ziele:
                +   Zielgruppen
                +   Feinziele
        +   Organisationen:
                +   Beteiligte
                +   Strukturen
        +   Managements:
                +   Steuerungsgruppen
                +   Innovative Arbeitsteams

+ Aufgaben
+ Kompetenzen
+ Strukturplan:
  + Zielschätzung
+ Kräftefelder:
  + Akteure: aktiv: pro
  + Akteure: aktiv: contra
  + Akteure: passiv
+ Bezüge zu anderen Projekten:
  + Konsequenzen
  + Strukturplan
  + Netzwerke
+ Markttendenzen:
  + Einschätzung innerhalb der EU:
    + Märkte in den nächsten 10 Jahren
    + Mittelfristig bis 2035
    + Langfristig bis 2050
+ Projekt-Management (Fokus: NRW und BRD)
  + Erschließung der Märkte

Die interfraktionellen Aussagen der Politiker zeigen bereits heute: Mittel- bis langfristig wird sich der Wasserstoff auf jeden Fall als Energiespeicher durchsetzen.

Wasserstoff ist völlig unabhängig von der Mineralölindustrie.
Die Perspektive für die Zukunft ist die direkte Nutzung von Wasserstoff. Die Zusammenfassung der Kernaussagen zeigt, dass die Entwicklungspotenziale in Nordrhein-Westfalen zahlreich sind und ein fundiertes Know-how in den Unternehmen ebenfalls zahlreich vorhanden ist.

Mit Blick auf die Suchmaschinen im Internet erscheint zu dem gesuchten Begriff Humankapital sogleich die Erklärung, dass es sich bei Humankapital um die Gesamtheit der wirtschaftlich verwertbaren Fähigkeiten der Mitarbeiter handelt, um die Kenntnisse und die Verhaltensweisen von Personen oder Personengruppen in einem Betrieb.

Setzt man den Blick ein bisschen weiter und schaut genauer, dann wird deutlich, warum der Begriff Humankapital völlig zu Recht das Wort Kapital beinhaltet.
Die genauere Betrachtung macht zum einen deutlich, warum gerade das Humankapital wichtig ist für das Gelingen der Energiewende; die genauere Betrachtung macht zum anderen deutlich, dass die Energiewende ein Jobmotor ist, welcher tatsächlich exponentiell die Beschäftigungszahlen von Arbeitskräften wachsen lassen kann.

Mit dem Energiespeicher Wasserstoff in der Energiewende zeichnet sich in den Märkten eine Entwicklung ab, wie wir diese bereits exponentiell wachsend kennen mit der Telekommunikation, mit der Robotik oder mit den Mikrotechnologien.

Die Wachstumswirkung der exponentiell wachsenden Märkte basiert nicht allein auf der Investitionsbereitschaft der Unternehmen und/oder der Dienstleister, die Wachstumswirkung der exponentiell wachsenden Märkte basiert zumindest in gleicher Wertigkeit auf dem "inneren Drive" der Mitarbeiter, welche das Unternehmen mit den unternehmerischen Zielen voranzubringen.

Dabei kommt ergänzend die Erkenntnis zum Tragen, dass Erfolg richtig Spaß machen kann, wenn alle Beteiligten gerecht den Erfolg genießen können/dürfen.

Eine Wertschätzung der innovativen, der motivierten Mitarbeiter durch die Geschäftsführung zeigt sich durch eine gerechte finanzielle Beteiligung, wie vielleicht auch durch Erfolgsausschüttungen.
Auch in der Vergangenheit sind motivierte Mitarbeiter oft der Auslöser gewesen für die betrieblichen Erfolge.

Die Energiewende hat bereits jetzt mit dem Start gezeigt, welche Dynamik möglich werden kann. Die Energiewende, der Klimawandel und der Umweltschutz sind untrennbar voneinander zu betrachten und lösen mit der Umsetzung eine Anforderung aus, welche nicht nur Flexibilität für die Anwender der Zukunft bedeutet, welche auch Flexibilität der Mitarbeiter in den Unternehmen bedeutet mit Blick auf anstehende Zusatzqualifikationen. Die Energiewende wird auch den einen oder anderen Job transformieren in eine angepasste Beschäftigung, die Energiewende schafft bereits aktuell weitere, zusätzliche Beschäftigungen.

Ohne den "inneren Drive" der Mitarbeiter in den Unternehmen werden die gesetzten Ziele nicht umsetzbar sein. Ein verstärkt kooperativer Führungsstil der Vorgesetzten ist erkennbar geworden in Unternehmen, welche bereits jetzt tangiert werden von der Umsetzung der Energiewende.

Die Materialforschung war und ist ein wesentlicher Bestandteil der Entwicklung neuer Technologien. Dichtungen, Schläuche, Ventile … unglaublich viele Kleinstkomponenten sind verbaut, sind integriert in den technischen Anlagen und bestimmen die Prozesse von betrieblichen Abläufen bis hin zu den Produktionen; bestimmen die Ausführungen und die Prozesse der programmierten Maschinen, haben einen wesentlichen Einfluss auf die Wirkungsgrade bei der Erzeugung von Energie.

Starre Karriere-Pfade, wie wir diese vielleicht aus vergangenen Jahren noch kennen, verhindern das innovative Engagement in den Unternehmen, weil die starren Karriere-Pfade von den Mitarbeitern als einengendes Korsett empfunden werden, weil zudem starre Hierarchien in den Unternehmen den Informationsfluss stark reduzieren.

Den Ideenreichtum, die Begeisterung und die Motivation kann man nicht studieren, der Ideenreichtum, die Begeisterung und die Motivation sind Ergebnisse einer Wechselwirkung zwischen den Beschäftigten und der Unternehmensführung.
Die stärkere Vernetzung der Mitarbeiter untereinander, das Interagieren miteinander, erzeugt ein hohes Potenzial mit Blick auf innovative Impulse.

Jetzt wird vielleicht schon etwas deutlicher, dass es sich bei dem Humankapital nicht einfach nur um die Gesamtheit der wirtschaftlich verwertbaren Fähigkeiten der Mitarbeiter handelt, um die Kenntnisse und die Verhaltensweisen von Personen oder Personengruppen in einem Betrieb.
Im Verlauf des Kapitels kommen wir wieder auf diesen Punkt zurück, so dass sich der Kreis schließt.

Die Ressourceneffizienz und die Markttendenzen zeigen berechtigt, dass der Wunsch nach einer Energiewende auch Realität werden kann.

Die Ressourceneffizienz ist mit Blick auf den Energieverbrauch vor allem auch das Bestreben hin zu einem geringeren Energieverbrauch; dies z.B. bei gleicher Arbeitsleistung von Maschinen, dies sowohl mobil, als auch stationär.

Die Ressourceneffizienz kann unterstützt werden durch den bewussteren, sparsameren Umgang mit der Energie, wozu neben der elektrischen Leistung unbedingt auch die Wärme gehört. Die Ressourceneffizienz ist aber auch das Bestreben, dass grundsätzlich weniger Rohstoffe verbraucht werden.

Wohlstand und Bequemlichkeit stehen gar nicht im Widerspruch zu der angestrebten Reduzierung des Rohstoffverbrauchs, vielmehr, das zeigt uns die Vergangenheit, hat Innovation sehr oft geführt zur Gleichzeitigkeit von mehr Ressourceneffizienz und mehr Bequemlichkeit.
Die modernen Autos zeigen im Vergleich zu den Oldtimern, dass die Ressourceneffizienz und die Bequemlichkeit sehr gut zusammengehen.

Zuverlässigkeit, Bequemlichkeit, Wohlstand, manchmal einfach auch nur der Mainstream, sind Auslöser für Markttendenzen.
Das, was aktuell die Markttendenzen beeinflusst, ist das Erkennen der Auswirkungen durch den Klimawandel.

Die Rohstoffrückgewinnung, das Recycling, bekommt eine große Bedeutung mit dem Gelingen der Energiewende.
Dass Billigprodukte im Ergebnis häufiger angeschafft werden müssen mangels Materialqualität und im Ergebnis teurer sind, als die Anschaffung von qualitativ hochwertigen Produkten, dass Billigprodukte im Ergebnis das verstärkte Aufkommen ist von Müll, ist in dem Bewusstsein der Bevölkerung angekommen.

"Geiz ist Geil" wird von den Menschen zunehmend gesehen als Fehlentwicklung; mit dem ursprünglichen Start des Werbeslogans der Kette Saturn im Jahr 2002 hatte sich ein Trend entwickelt, welcher auch den "Ein-Euro-Shops" sehr viel Aufmerksamkeit verliehen hatte.

Das, was dieser Trend im Hintergrund ausgelöst hat, ist die Verdrängung wertiger Waren in den Geschäften und in Folge wurden Waren billig produziert; z.B. in China. Die nachlassende Wertschätzung für Wertigkeit hatte in den Unternehmen ein Bestreben ausgelöst, ebenso günstigere Waren anzubieten, was sogleich in Folge eine Verdrängung von den Arbeitsplätzen ausgelöst hat durch die Geringverdiener*innen.
Unternehmen hatten nicht selten ihre Mitarbeiter als Kosten-faktor, nicht als Humankapital gesehen; aus diesem Missver-hältnis konnten keine innovativen Impulse kommen seitens der Mitarbeiter an die Unternehmensleitung.

Dort, wo Billiggeräte bevorzugt sind, kann von einem energie-sparenden Einsatz nicht die Rede sein; die verbauten Komponenten in Billiggeräten sind nicht ausgerichtet auf die Energieeffizienz.
Mit der Energiewende hat auch der Blick auf Energieeffizienz eine große Bedeutung bekommen. Wertigkeit, Langlebigkeit und Umweltverträglichkeit sind die treibenden Anforderungen, welche in den Energiemärkten eine Trendwende ausgelöst haben.
Plötzlich waren zunehmend Facharbeiter*innen gefragt; die Unternehmen erkennen ihre Mitarbeiter*innen zunehmend wieder ideenreich und innovativ: die Rückkehr des Humankapitals in der Wahrnehmung der Unternehmer*innen.

Auch bei dem Online Auktionsportal Ebay ist eine Trendwende erkennbar.
Ist noch bis etwa 2011 der Slogan "Drei, zwei, eins, meins" ein Aufruf gewesen für das Erwerben von Gebrauchtware, für das Erwerben von günstiger Ware, von Flohmarktartikeln, wird seitens Ebay seither eine Kehrtwende vollzogen mit dem Fokus auf Angebote eher mit Festpreisen von gewerblichen Händlern.

Wertigkeit, Langlebigkeit und Umweltverträglichkeit werden oft herausgestellt mit Blick auf die Warenmerkmale.

China hat sehr viel Produkt Know-how erhalten in den Jahren der Billig Produkte durch die Produktionsaufträge.
Wertigkeit, Langlebigkeit und Umweltverträglichkeit stehen somit im Wettbewerb mit der Billigware z.B. aus China.
Mit der umweltpolitischen Notwendigkeit hin zur Energiewende haben die Menschen ein Verständnis entwickelt auch für die Nachhaltigkeit.

Grundsätzlich kann beobachtet werden, dass der Jobmotor Energiewende auf dem Arbeitsmarkt eine Trendumkehr ausgelöst hat.
Ideenreichtum, Begeisterung, Motivation der Beschäftigten in den Unternehmen sind wertvolle Impulse für neue innovative Produkte und lösen im europäischen Markt eine Aufbruchstimmung aus.

Es können viele neue Märkte entstehen mit der Energiewende; es sind aber auch die bereits jetzt umsetzbaren Erweiterungspotenziale von außerordentlichem Interesse für die Industrie, für die Wirtschaft, für die Dienstleister und für den Handel.

Mit Blick auf die Reichweite der aktuellen fossilen Energieträger und auf den zunehmenden Handlungsbedarf zur Emissionsverringerung/-vermeidung sind die Energiewirtschaft sowie die Energieeffizienz eine entscheidende Plattform für die wichtigen und richtigen Veränderungen. Eine der wohl interessantesten Branchen des 21. Jahrhunderts ist die Energiewirtschaft.

Ein Anfang der Integration der deutschen in der europäischen Wirtschaft entstand mit der Kohle- und Stahlindustrie: der erste europäische Vertrag über eine Gemeinschaft für Kohle und Stahl (EGKS) wurde am 18. April 1951 verfasst mit Belgien, der Bundesrepublik Deutschland, Frankreich, Italien, Luxemburg und den Niederlanden; dies mit einer Laufzeit von 50 Jahren.
Das Ruhrgebiet galt mit den historisch aktiven Industrien als "das Land der zehntausend Feuer."

Mit Blick auf die Stromerzeugung und den Stromverbrauch in der Bundesrepublik Deutschland ist NRW noch heute das Energieland Nr.1. Mit der Innovation der deutschen Energiewirtschaft hatten sich seit 1951 parallel zu der Kohleindustrie auch die konventionellen Energieträger Öl und Gas in den Märkten etabliert.

Die wohl alles entscheidende Rolle eines Energiestandortes, einer Energieregion sind die Fähigkeiten der Energieerzeugung und Energieverteilung mit dem Blick auf wirtschaftlich, effizient, ökologisch, nachhaltig und umweltverträglich.

Sowohl ein exzellentes Umfeld mit Hochschulen und Forschungseinrichtungen, als auch die wirtschaftliche und technische Kompetenz der Unternehmen sind die innovative Basis; mit einer regionalen Wirtschaftsförderung der innovative Motor.
Das galt in der Vergangenheit für die klassischen Energien und das gilt auch heute für die Erneuerbaren Energien.

Immer dann, wenn eine Energiekrise auftritt, wird in voller Erwartung nach NRW geblickt.
Auch die Gas Krise in der Ukraine zu Beginn des Jahres 2006 hat deutlich gemacht, wie wichtig die Erneuerbaren Energien im Energiemix sind für unsere Energieversorgungssicherheit.

Die Erneuerbaren Energien im Energiemix gewinnen zunehmend an außenpolitischer Dimension und sind aktuelles Thema in der EU.

Die EU strebt eine europäische Energiepolitik an; dies in Verbindung mit der Vollendung des europäischen Binnenmarktes, mit den gesetzten Klimaschutzzielen und mit dem Blick auf Energieversorgungssicherheit.
Das sind die sehr großen Herausforderungen im Energiebereich, die gemeinsame europäische Lösungen erfordern.

Die Hybrid-Technologie wurde in Deutschland entwickelt, wurde von der Kfz-Industrie in der BRD völlig falsch eingeschätzt mit Blick auf deren Bedeutung und nicht integriert in die Systeme. Im asiatischen Raum wurde von der Kfz-Industrie diese Hybrid-Technologie übernommen.

Mit dem Toyota Prius ist das erste serienmäßige Hybrid-Fahrzeug auf den Markt gekommen, in welchem ein üblicher Verbrennungsmotor kombiniert ist mit einem Elektroantrieb und einem modernen Batteriesystem.
Fehler dieser Art dürfen mit Blick auf die technischen Möglichkeiten, welche die Energiewende bietet, nicht wiederholt werden!

Der Jobmotor Energiewende bringt neben den erweiterten Produkten auch viele neue Produkte und Dienstleistungen in die Märkte.

Die Stärken und Schwächen eines Start-up Unternehmens mit den Wasserstoff- und Brennstoffzellentechnologien müssen der Prüfung einer zukunftsfähigen Energieinfrastruktur Stand halten, um Chancen auszubauen und um Erfolg versprechende Verbundprojekte als Alleinstellungsmerkmal herauszustellen.

Das erarbeitete Profil eines Start-up Unternehmens ist die Handlungsempfehlungen und die Definitionen der sinnvollen Beiträge mit dem Ziel des Auf- und Ausbaus der Infrastruktur.

Es hilft tatsächlich nicht allein der Versuch, wie zuvor in dem Buchverlauf gezeigt, so genannte Leitunternehmen an einem Standort zusammenzuführen in der Hoffnung, dass sich daraus ein Erfolg einstellt mit Blick auf wichtige Beiträge in der Energiewende.
Im Umkehrschluss werden die Standortanforderungen erfasst für die Akquise von Projektpartnern, für die Clusterbildung.
Das Erarbeiten von Alleinstellungsmerkmalen beinhaltet das Erfolgspotenzial eines regionalen Nukleus.

Entlang der Wertschöpfungskette von der Brennstoffzellenproduktion bis zu den Anwendungen, inklusive der Anforderungen der Brennstoffinfrastruktur, sind die Nischenprodukte und die Spezialanwendungen in den frühen Märkten nachhaltig zu positionieren.
Darüber hinaus ist die Herausstellung der Kompetenzen bezüglich der Dienstleistung und des Service von großer Bedeutung, damit einer anfänglichen Skepsis entgegengetreten werden kann.

Die innovativen Identifizierungsverfahren mit Blick auf sinnvolle Beiträge in der Energiewende können für die Unternehmen einen Wettbewerbsvorsprung generieren.

Nachhaltige Handlungsfelder haben Erfolgsperspektive.
Sowohl die Technologie- und auch die Marktpotenziale, sowie die Erwartungen an die Märkte bezüglich des Wachstums, sind oft nicht nachhaltig ohne die Integration in das Potenzialraster der Energiewende der BRD/der EU.

Was hat die Energiewirtschaft bisher davon abgehalten, den Energiemärkten mit dem Wasserstoff einen umweltfreundlichen Energieträger bereitzustellen?

Dass die Ressourcen der Mineralölindustrie knapp werden, das ist keine neue Botschaft. Der Prozess einer Brennstoffzellenanwendung ist frei von Umweltemissionen. Die angestrebte Dekarbonisierung ist abhängig von dem eingesetzten Brennstoff. Die Betriebswärme der Brennstoffzelle ist nutzbar und entsteht ohne Abgase. Der Energieträger Wasserstoff hat eine sehr hohe Energiedichte.

Warum hat die Energiewirtschaft bisher das Erfolgspotenzial des Wasserstoffs als Speicher für regenerativ erzeugte Energien mit Blick auf die Versorgungssicherheit vernach-lässigt?

Es hat viele Jahre noch keine Zwänge für die Industrie gegeben bezüglich des Umdenkens.

+ Erfindungen sind seltener in der Großindustrie zu finden, eher in den Klein- und mittelständischen Unternehmen.
+ Wasserstoff kommt in der Natur nicht isoliert vor.
+ Die Umweltbilanz des Wasserstoffs aus fossilen Energieträgern ist schlecht, da Wasserstoff oft noch ein Abfallprodukt anderer Produktionsketten gewesen ist.
+ Die schwindenden Ressourcen der fossilen Energien wurden zu wenig beachtet.
+ Der Treibhauseffekt, der Klimawandel mit den globalen Folgen wurden mit der Kohle-Lobby in Frage gestellt.
+ Eine vollständige Betrachtung der Möglichkeiten umweltfreundlicher Energieerzeugung hat gefehlt.

Die zentrale Frage, wie eine zukunftsfähige Energieversorgung aussehen kann, ist mit der umweltpolitischen Herausforderung in das Bewusstsein auch derjenigen gerückt, welche sich bislang nicht mit dieser Fragestellung beschäftigen wollten.

Mit der Fragestellung nach der Energieversorgungssicherheit im aktuellen Dialog der Energiewende, mit der Fragestellung nach den technischen Möglichkeiten und den Bemühungen bezüglich einer zukunftsfähigen Energieinfrastruktur, mit der Fragestellung nach dem Stand und nach den Ergebnissen der Projektentwicklungen, mit der Fragestellung nach den Erwartungen auf der Zeitschiene bis zur Einführung neuer Energieträger, zu denen auch der Wasserstoff gehört, haben sich die regionalen Nuklei beschäftigt und können wertvolle Ergebnisse präsentieren.

Das Wasserstoff-Anwenderzentrum h2herten zeigt mit dem EKS Energie Komplementär System die ganzheitliche Betrachtung der Energiewende und zeigt, dass und wie die Energiewende zum Erfolg geführt sein kann.

Die dezentrale Energieversorgung ist für die Energieversorgungsunternehmen in der Tat ein Paradigmenwechsel.

Tatsächlich aber ist die Energiewende gar nicht konsequent geprägt durch eine dezentrale Energieversorgung; vielmehr können die Anlagen sowohl als Insellösung, als auch netzparallel gefahren werden.

Gekoppelt mit intelligenten Netzen kann mit der Digitalisierung ein virtuelles Kraftwerk entstehen. Darin finden sich weitere und ergänzende Ansätze für eine zukunftsfähige Infrastruktur in der Energiewende.

Der Erdgaspreis ist gekoppelt an der Preisentwicklung des Erdöls, somit bleibt abzuwarten, wie sich in den kommenden Jahren die Energiekosten entwickeln werden. Aktuell werden seitens der Politik interfraktionell bereits Signale gesendet, dass sich der Benzinpreis in Richtung zwei Euro pro Liter entwickeln wird.

Im Blick:
Die Energieträger im Vergleich mit aufsteigendem Heizwert:
- Braunkohle: 8,1 kJ/g
- Brennholz: 14,5 kJ/g
- Methanol: 19,6 kJ/g
- Steinkohle: 29,3 kJ/g
- Heizöl: 42,7 kJ/g
- Benzin: 43,5 kJ/g
- Erdgas: 50,1 kJ/g
- Wasserstoff: 199,9 kJ/g

Im Blick:
Das Volumen der Energieträger im Vergleich bei gleichem Heizwert:
- Heizöl: 1,0 l
- Benzin: 1,0 l
- Methanol: 2,1 l
- Wasserstoff flüssig: 3,4 l
- Erdgas: 1,0 m³
- Wasserstoff gasförmig: 2,9 m³
- Steinkohle: 1,0 kg

Nahezu alle Medien berichten derzeit über den Wasserstoff und über die Brennstoffzellen.
Die Meinungen, wie die Energiewende erfolgreich sein kann, sind durchaus konträr. Trotzdem haben die Wasserstoffinitiativen ein Ziel bereits erreicht: Wasserstoff ist in das Bewusstsein der Bevölkerung gerückt, Wasserstoff ist der Energieträger der Zukunft.

In der Bundesrepublik Deutschland existieren zwei große Wasserstoffverteilernetze, welche industrielle Produzenten und Abnehmer miteinander verbinden.

Seit etwa 80 Jahren versorgt eine 240 km lange Wasserstoffpipeline, beginnend im nördlichen Ruhrgebiet in Marl die Industrie in Richtung Süden bis Köln mit Wasserstoff. Der Betreiber der Wasserstoff-Pipeline ist Air Liquide.

In der Region Leuna-Bitterfeld-Wolfen verläuft ein zweites Wasserstoffnetz. Der Betreiber ist die Linde AG.

Zwischen dem Emsland und dem Ruhrgebiet soll eine weitere Wasserstoffpipeline entstehen.
Die Leitung zwischen Lingen und Gelsenkirchen soll Ende 2022 einsatzbereit sein.

Eine Machbarkeitsstudie für den Bau einer neuen Wasserstoffpipeline von Rotterdam in den Niederlanden in die BRD hat der Hafenbetrieb Rotterdam gestartet.

Der zukünftige Bedarf an dem Energiespeicher Wasserstoff als Brennstoff mit Blick auf die Einführung der Serienproduktion von Brennstoffzellen wird den gesamten Energiemarkt bereichern.

Eine Aussage in Erinnerung, welcher sich vielfach bedient wird:

Die Steinzeit ging nicht zu Ende weil es keine Steine mehr gab und der Einstieg in die Wasserstoffindustrie kommt nicht erst, wenn es kein Öl mehr gibt.

Bei der Umstellung der Energieversorgung zu einer Wasserstoffenergiewirtschaft wird oft von einem Zeitraum von ca. 50 Jahren gesprochen; als Erfahrungswert wird die Umstellung von der Kohle auf das Erdöl herangezogen. Man darf dabei aber nicht übersehen, dass, wenn die Industrie von einer Umstellung spricht, von folgender Situation ausgegangen wird:
+ Versorgungssicherheit zu jedem Zeitpunkt an möglichst jedem Ort
+ Eine flächendeckende Infrastruktur:
    + dem Lieferant stehen ausreichend Vertriebsmöglichkeiten zur Verfügung,
    + der Kunde kann an jedem Ort zwischen den Produkten wählen,
+ ein wirtschaftlicher Energiepreis.

Der wohl alles entscheidende Aspekt unserer Abhängigkeit von den fossilen Energieträgern: Ab wann, unter Berücksichtigung verschiedener Verbrauchsentwicklungen, die Produktion der fossilen Energieträger den Energiebedarf nicht mehr decken kann. Nach aktuellen Abschätzungen wurde dieser Punkt bereits erreicht,

Oft unterschätz wird der Energiebedarf in Deutschland mit Blick auf die Wärme; in der BRD werden mehr als 50% des Energieverbrauchs für die Erzeugung von Wärme genutzt.

Auch mit Blick auf die Wärme kann der Energieträger Wasserstoff mit Power-to-Heat technische Lösungen bieten. Eine zukunftsfähige Energieversorgung mit der wichtigen Versorgungssicherheit baut darauf, dass frühzeitig neue Technikoptionen marktreif und zugleich wirtschaftlich sowie umweltfreundlich zur Verfügung stehen; dies mit dem Ziel der Klimaneutralität.

Nach der vermehrten Stilllegung von Bergwerken ist das Interesse an dem Grubengas als mögliche zusätzliche Energiequelle ständig gewachsen. Auch nach der Beendigung des Bergbaus entweicht aus alten Bergwerken mehr als 120 Mio. Normkubikmeter (Nm³) Grubengas pro Jahr ungenutzt in die Atmosphäre.
Der hieraus folgende Gasdruckabfall führt wiederum zu der Freisetzung des adsorptiv gebundenen Gases.
Dieser Effekt ist mit einer Sektflasche vergleichbar, bei der, ist einmal der Korken entfernt, die Kohlensäure solange perlt, bis keine mehr vorhanden ist.
Bundesweit werden in Bergwerken 1,5 bis 1,7 Mrd. Nm³ Grubengas pro Jahr freigesetzt.

Der Methan-Gehalt (CH_4) des Grubengases beträgt ca. 70%. Der Vergleich der in der BRD klimarelevanten Emissionen macht deutlich, dass die Nutzung des Grubengases auch als Brückentechnologie, als Speicher für den Wasserstoff wichtig werden kann.

Die Bundesstatistik über klimarelevante Emissionen in der BRD pro Jahr:
+   Bergbau: 568.359 [t/a] CH_4
+   Nutztierhaltung: 22.300 [t/a] CH_4
+   Abfalldeponie: 183.295 [t/a] CH_4
+   Abwasserreinigung: 107.280 [t/a] CH_4

Die Energieversorgungsunternehmen RWE und E-ON hatten bereits im Jahr 2008 den Abbau von Kraftwerksüberkapazitäten angekündigt.

Egal ob die Abschaltung von Kraftwerken politisch motiviert ist, oder ob die Abschaltung von Kraftwerken alterungsbedingt erfolgen soll, die bestehende Infrastruktur mit Blick auf das Netz und auf die Gebäude hat Zukunftspotenzial.

Eine reelle Chance für die Brennstoffzelle in Kraftwerken findet sich mit dem Blick auf Brennstoffzellentypen mit einer sehr hohen Betriebstemperatur (Hot-Module), da somit auch die Kunden der Nahwärme weiter beliefert werden könnten.

Der Marktanteil der Hausenergieversorgung in der BRD mit Gas lag im Jahr 2010 bei ca. 11 Mio. Endabnehmern; bis heute haben nicht wenige die Hausenergieversorgung umgestellt von Heizöl auf Erdgas, so dass diese Zahl jährlich angestiegen ist.

Bereits dann, wenn für die nun folgende Betrachtung die Anzahl der Endabnehmer des Erdgases aus dem Jahr 2010 bei ca. 11 Mio. herangezogen wird, hätte sich ein Markthochlauf für die Brennstoffzellenheizgeräte bereits gelohnt.

Wird eine Lebensdauer der Brennstoffzellenheizgeräte wie bei der herkömmlichen Hausenergieversorgung mit 15 Jahren ange-setzt, ergibt sich bei 11 Mio. Abnehmern ein Neuanlagen-potenzial von:

+	ca. 330.000 Brennstoffzellenheizgeräten für Einfamilienhäuser und
+	ca. 440.000 Brennstoffzellenheizgeräten für Mehrfamilienhäuser
+	pro Jahr.

Führende Unternehmen sprechen von der Marktreife bei einem potenziellen jährlichen Absatz von 100.000 Brennstoffzellenheizgeräten.

Zur Sicherung der Wettbewerbsvorteile für die Brennstoffzellentechnologie in der BRD mit Blick auf den sehr hohen Entwicklungsstand, muss die Frage der Infrastruktur für die Brennstoffzellenfahrzeuge jetzt zügiger angegangen werden.

Mit dem Ziel der Serienreife von Neufahrzeugen mit Wasserstoffeinsatz arbeiten seit dem Jahr 2007 Unternehmen der Automobilindustrie und Energieunternehmen an einer deutschen "Verkehrswirtschaftlichen Strategie".

Allein die vier größten japanischen Automobilunternehmen investieren pro Jahr 700 Millionen Euro eigene Mittel in die Serienreife der Brennstoffzellenantriebe.

Hier schließt sich der Kreis; wir kommen zurück auf das Thema Humankapital:

Die für die Produktionsbetriebe nötigen Facharbeiter sind in NRW durch den starken Rückgang der Schwerindustrie auf dem Arbeitsmarkt verfügbar.
Die aktuelle Herausforderung der Wirtschaft besteht in der Bereitstellung geeigneter Ausbildungsplätze und in der geeigneten Um- und Weiterbildung der Mitarbeiter.

In dem Buchverlauf wurde zuvor gezeigt: Ein Erfolg der deutschen Industrie im internationalen Wettbewerb hängt ganz entscheidend ab von dem Beginn und von dem Tempo der

Transformationsprozesse in allen betrieblichen Strukturen, was den Kooperationswillen und die Umformung der betrieblichen Weiterbildung voraussetzt.

Noch vor zwanzig Jahren waren Skepsis und die zögerliche Haltung der Industrie gegenüber den Brennstoffzellentechnologien mit fehlender Risiko- oder Innovationsbereitschaft benannt worden.

Allenfalls der Umweltschutz und eine angestrebte Etablierung der eigenen Technologie im Potenzialraster der einsetzenden Diskussion zur Energiewende haben Unternehmen veranlasst, eine Beteiligung einzugehen an ersten Pilotprojekten. Heute ist der Wettbewerb nicht mehr nur Strategie, es gilt die Sicherung der Zukunftsfähigkeit der Unternehmen mit Blick auf deren Produkte, mit Blick auf deren Dienstleistungen.
Ausgelassene Chancen in der Übergangszeit hätten den Weg in die Wirtschaft mit dem Energieträger Wasserstoff verkürzen können!

Hier ein signifikantes Beispiel:

Ermittlungen der Hamburger Elektrizitätswerke HEW im Jahr 2007 hatten ergeben, dass mit dem aus primärer und aus sekundärer Kraftwerksregelung gewinnbaren Wasserstoff in der BRD 1 Mio. PKW mit Brennstoffzellenantrieb betrieben werden könnten; dies bei der Zugrundelegung, dass die Pkw einen Kraftstoffverbrauch von 10l/100km haben, dass die Pkw eine jährliche Fahrleistung bei ca. 12.500 km haben. Durch die Integration der im Linienverkehr fahrenden Stadtbusse (ca. 7.000 Busse in der BRD), ließen sich noch 3/4 Mio. PKW mit Wasserstoff betreiben. Dies praktisch ohne eine nennenswerte Zunahme der Emissionen bei der Energieerzeugung.

Entscheidend für den Durchbruch neuer Technologien war in der Vergangenheit und ist auch aktuell die Akzeptanz der Märkte.
Heute, das wurde gezeigt in dem Buchverlauf, setzt sich wieder die Produktqualität durch:

+		vorausgesetzt, der Preis ist im vertretbar für einen privaten Familienhaushalt,
+		vorausgesetzt, der Betrieb ist im Verhältnis wirtschaftlich.

Der anfangs zögerliche Markteintritt der Handys und Notebooks hatte zu Beginn einen ähnlichen Verlauf, wie der Markteintritt der Brennstoffzellen. Mit der Integration der technischen Möglichkeiten, welche der Energiespeicher Wasserstoff und der Energiewandler Brennstoffzelle bieten, werden die bestehenden Wertschöpfungsketten ergänzt, werden neue Wertschöpfungsketten erschlossen.

Es sind die Wertschöpfungsketten, welche die Handlungsfelder definieren und nicht umgekehrt; dies gilt auch ganzheitlich für die Potenziale der Energiewende.

Im dritten Quartal 2022 erscheint das Buch
Zukunftsfähige Infrastruktur – Reale Schritte im Markt
Energiewende mit dem Wasserstoff

Das Buch zeigt die realen Schritte der Energiewende in den Energiemärkten und das Image an den Tangenten der Energiewende mit der Elektromobilität, der Digitalisierung, dem Klimaschutz, dem Strukturwandel, dem Jobmotor, dem Humankapital, der Ressourceneffizienz, den Markttendenzen.
Das Buch analysiert die Potenziale, identifiziert die Stärken und die Herausforderungen, zeigt die Strukturen im Potenzialraster der Energiewende und stellt die Alleinstellungsmerkmale heraus.

Die Aussichten; Partner im Dialog

Sie haben bis hierhin gelesen?
DANKE!

Sie haben jetzt große Sorgen mit dem Blick auf die kommenden Generationen?
Berechtigt, wenn weiterhin nicht gestartet wird in die Energiewende.

Ein Grund zur Panik?
Bitte nicht.

Wir, die wir uns beschäftigen mit den Herausforderungen der Energiewende, kennen, wie die Energiewende gelingt und wir setzen uns dafür ein. Dass unser Einsatz erkannt worden ist, ist erkennbar in den politischen Aussagen, dass der Wasserstoff als Energiespeicher der Energiewende zum Erfolg verhilft.

Das Ziel dieses Buches ist Sie mitzunehmen in den Dialog, dass die Energiewende wichtig und richtig ist; dies mit dem Start der Umsetzung JETZT.

Mit dem voraussichtlich im 3. Quartal 2022 folgenden Buch werden Lösungen gezeigt, werden erste Ansätze gezeigt, werden die Auswirkungen gezeigt, wird einer weiten Zielgruppe die Energiewende derart vorgestellt, dass die bewusst unvollständigen und/oder falschen Aussagen derer, welche gegen den Start in die Energiewende agieren, auch bei Ihnen keine Unsicherheiten mehr auslösen.

Ich freue mich, wenn wir gemeinsam in das Grundverständnis kommen, dass die Energiewende mit all ihren spannenden und chancenreichen Sparten die Entscheidung ist für ein zukunftsfähiges Miteinander.

Bilder:
Der Jobmotor Energiewende, das Technologie-Know-how, das Infrastruktur-Know-how, entstehend mit der Energiewende, ist in Deutschland und ist global gefragt.
Länder der EU folgen dem Erfolgsmodell Deutschland;
Bilder: Dieter Mende, EEZ Energie Energiewirtschaft Zukunftsenergien

Stadt als Speicher

Smarte Technologien erschließen der Gebäudeplanung, der Städtebauplanung und der regionalen Revierplanung exzellente Möglichkeiten; dies nicht nur zur Reduzierung der Emissionen, sondern auch in der Einbindung von den Speichern regenerativ erzeugter Energien.
Die Senkung des individuellen Energieverbrauchs in Verbindung mit gekoppelten Energiesystemen bis hin zu im Verbund gesteuerter Energiemanagements ermöglicht lokale effiziente Revierlösungen. Übergeordnete intelligente Netze können diese effizienten Revierlösungen zusammenfassen bis hin zu den "virtuellen Kraftwerken". Virtuelles Kraftwerk ist die Bezeich-nung für eine Zusammenschaltung von dezentral erzeugtem elektrischem Strom, wie der Strom aus Photovoltaikanlagen, aus Windkraft- und aus Biogasanlagen. Auch eine Wärme-erzeugung und -Verteilung kann im Verbund erfolgen z.B. mit Blockheizkraftwerken.

Stadt als Klimaretter

Das, was zunehmend auf die versiegelten Flächen der Städte zukommt, sind die Auswirkungen durch häufiger und stärker auftretende Hitzewellen sowie durch häufiger und stärker auf-tretende Regenfälle. Die Städte und Regionen können vor Ort die Kapazitäten aus der Wirtschaft verbinden mit den Kapazitäten der öffentlichen Hand und aktiv sinnvolle Beiträge liefern zur Klimarettung im Potenzialraster des Bundeslandes.
Städte können öffentliche und private Gelder zusammenfügen, Städte kennen die regionale Nachfrage und können somit ihre Auftragsvergaben optimieren.

Der Autor

Dieter Mende

Homepage:
www.eez-mende.de

Das Buch ist geschrieben mit dem Hintergrund des beruflichen Ausbildungsverlaufs sowohl in der Chemie, als auch in der Elektrotechnik; ergänzt mit dem Hintergrund Energie-Dialog EEZ Energie Energiewirtschaft Zukunftsenergien, ich selbst bin der Gründer am 05.07.1995.

Die berufliche Basis ist weit gefächert:
Seit September 1997 beauftragt mit der zentralen Leittechnik für Energiezentralen in dem Projektbüro Automatisierungs-technik eines regionalen Energieversorgungsunternehmens; im November 2019 erfolgte der Wechsel in die Abteilung Planung Netzbau elektrischer Strom.
Seit Februar 2003 zunächst beauftragt mit den Aufgaben zum Auf- und Ausbau des regionalen Wasserstoff-Nukleus h2herten, anschließend beauftragt mit Aufgaben der Projekt- und Unternehmens-Akquise, der Marktkommunikation und der Netzwerkarbeit im Team des Anwenderzentrums h2herten.
In beiden Fällen ist den Arbeitgebern der sehr erfolgreiche Energie-Dialog EEZ Energie Energiewirtschaft Zukunftsenergien aufgefallen, so dass daraus die Beschäftigungen entstanden sind.

Mein Antrieb zur Erstellung von Reporten und Büchern ist zum einen die Leidenschaft für die Herausstellung der Chancen und der Möglichkeiten im Potenzialraster der Energiewende mit dem Energieträger Wasserstoff, zum anderen der Ehrgeiz zum Auf- und Ausbau einer Wasserstoffinfrastruktur mit der Werbung branchenübergreifender Leistungsträger, mit der Identifizierung von zukunftsfähigen Beiträgen und den daraus entstehenden, einander ergänzenden Kompetenzen.

Den etablierten Unternehmen im Energiemarkt und deren anfänglichen Ablehnung gegenüber dem Energieträger Wasserstoff und dem Energiewandler Brennstoffzelle bin ich begegnet mit aussagekräftigen Ergebnissen der Potenzialanalysen, mit den Potenzialen der Sektorenkopplung Power-to-X, der Identifizierung von Alleinstellungsmerkmalen und mit den komplexen Projektanstößen vielschichtiger Interessen aller Beteiligten.
Mit dem Durchhaltevermögen und mit Geduld konnten auch anfängliche Skeptiker des Energieträgers Wasserstoff und des Energiewandlers Brennstoffzelle erfolgreich geworben werden in eine zukunftsfähige Infrastruktur in der Energiewende.

Mit dem Energie-Dialog EEZ bin ich langjähriges Mitglied im DWV Deutschen Wasserstoff- und Brennstoffzellen-Verband e.V.; der DWV ist eines der in Europa erfolgreichen Sprachrohre für den Energieträger Wasserstoff und für den Energiewandler Brennstoffzelle; der DWV spricht mit dem Ergebnis von über einhundert Industrie- und Forschungseinrichtungen.

Mitgewirkt habe ich erfolgreich bei der Mitgliederakquise zur Gründung eines Beirats für h2herten, aus welchem durch die Erweiterung im Jahr 2008 der Beirat für das h2-netzwerk-ruhr hervorgegangen ist.

Bild oben:
Wasserstoff-Anwenderzentrum h2herten,
der regionale Wasserstoff-Nukleus im
nördlichen Ruhrgebiet.

Bild mittig:
14.06.2019 Eröffnung der Wasserstoff-
Tankstelle Anwenderzentrum h2herten;
im Hintergrund die ehemalige Zeche
Auf Ewald.

Bilder: Dieter Mende; EEZ Energie
Energiewirtschaft Zukunftsenergien

In der Elektromobilität ergänzen Fahrzeuge mit Brennstoffzelle und Fahrzeuge mit
Batterie einander, so wie in der aktuellen Verbrennermobilität die Fahrzeuge mit
Benzinmotor und mit Dieselmotor einander ergänzen.

Bild unten:
Wasserstoff-Tankstelle
von Air Liquide neben
den Ladestationen von
Tesla in Kamen;
Dieter Mende;
EEZ Energie
Energiewirtschaft
Zukunftsenergien